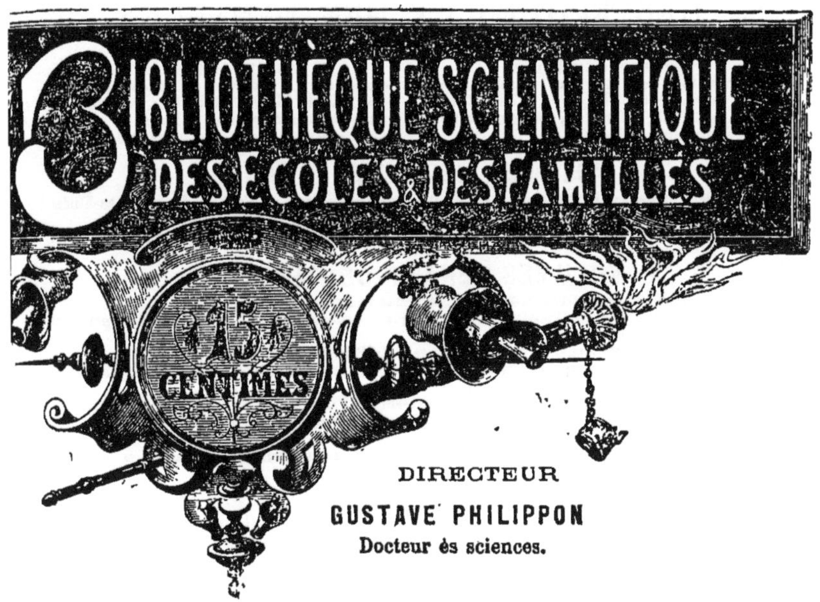


# LE FER

PAR

## R. JAGNAUX

Ingénieur des arts et manufactures,
Professeur à la Légion d'honneur.

# LE FER

Par M. JAGNAUX

Professeur à la Légion d'honneur.

Le fer, quoique ayant été découvert par l'homme bien après l'or, l'argent et le cuivre, n'en est pas moins d'une antiquité fort respectable. Suivant M. Quiquerez, les vestiges des forges qu'on rencontre dans le Jura bernois remonteraient jusqu'à l'âge des cités lacustres. L'homme est-il redevable de ce métal si utile aux fers météoriques, qui durent tomber un peu partout à la surface du globe, et quelquefois en quantités assez considérables? (Nordenskiold en a trouvé récemment au Groënland des masses nombreuses, qui atteignaient le poids de 20.000 kilogrammes.) C'est fort probable, car, dans les steppes de la Sibérie, en Laponie, etc., les indigènes se sont servi et se servent encore des blocs de fer météorique pour en fabriquer des instruments de travail ou de guerre.

Plus tard, habitué déjà à traiter les minerais de cuivre, peu difficiles à réduire, l'homme essaya de convertir en métal les oxydes de fer si abondants à la surface de la terre, et dont la densité et la couleur avaient déjà frappé ses sens. Après quelques essais infructueux, et à l'aide d'appareils de fusion bien simples, il réussit enfin à obtenir ce métal précieux, dont les usages nombreux devaient croître d'une manière continue jusqu'à nos jours.

Proclus, commentant Hésiode, dit que le secret de la trempe du cuivre s'étant perdu, les hommes en vinrent ainsi à l'emploi du fer dans les combats. On a cherché à justifier, à l'appui des témoignages de l'histoire, la priorité du travail du cuivre sur celui du fer.

Suivant Buffon, la mine de fer étant plus difficile à fondre que les minerais de cuivre, il a dû se passer bien des siècles avant que les hommes aient trouvé le moyen de la réduire.

« Les Péruviens et les Mexicains, dit-il, n'avaient, en ouvrages travaillés, que de l'or, de l'argent, du cuivre et point de fer... Nos premiers pères ont donc usé, consommé les premiers cuivres de l'ancienne nature; c'est pour cette raison que nous ne trouvons presque pas de cuivre primitif dans notre Europe, non plus qu'en Asie; il a été consommé par l'usage qu'en ont fait les habitants de ces deux parties du monde, très anciennement peuplées et policées, au lieu qu'en Afrique, et surtout dans le continent de l'Amérique, où les hommes sont plus nouveaux et n'ont jamais été bien civilisés, on trouve encore aujourd'hui des blocs énormes de cuivre en masse, qui n'a besoin que d'une première fusion pour donner un métal pur. »

Cependant les documents les plus anciens de l'histoire mentionnent ce métal, dont la découverte est attribuée, par chaque peuple, à un être divin. Les Hébreux font honneur de sa découverte à Tubal-Caïn, les Grecs l'attribuent à Cybèle, à Prométhée, aux Cyclopes, aux Corybantes, et surtout aux Dactyles du mont Ida. « Les Dactyles étaient, dit le *scoliaste* d'Apollonius, des enchanteurs et des magiciens qui passent pour avoir trouvé le fer. »

« On appela les Dactyles (mot signifiant proprement les *doigts* de la main) *magiciens, enchanteurs*, et ce nom s'explique sans peine. Que l'on se représente, en effet, l'étonnement des premiers hommes quand ils virent la terre ordinaire se transformer, sous les doigts des premiers métallurges, en une substance solide, brillante et sonore, et l'on concevra qu'ils aient supposé dans cet art quelque vertu surnaturelle. » (Rossignol, *Les métaux dans l'antiquité*.)

Comme le remarque Karsten, la preuve qu'on attachait un grand prix à ce métal dans les temps antiques, c'est qu'on croyait que la divinité n'avait pas jugé indigne d'elle de s'occuper du travail du fer, et les idées qu'on avait des forges de Vulcain et des Cyclopes peignent assez les obstacles que l'on rencontrait à le mettre en œuvre.

Au temps d'Homère, une dizaine de siècles avant Jésus-Christ, lorsque en Grèce, comme en Troade, le fer avait déjà commencé à remplacer le bronze, tous les beaux produits de la métallurgie venaient aux Grecs de l'étranger, de Chypre, de Thrace, d'Egypte, de Sidon : nulle part, en effet, il n'est question dans les poèmes d'Ilomère de l'exploitation des mines.

Les Chalybdes, qui habitaient sur les bords du Pont-Euxin, passaient pour très habiles à travailler le fer par l'emploi de la trempe. La connaissance de la trempe est, en effet, très ancienne. Ilomère en parle d'une façon très nette à propos de Polyphème, auquel Ulysse creva un œil avec un pieu. « Et il se fit entendre, dit Homère, un sifflement semblable à celui que produit une hache rougie au feu et trempée dans l'eau froide ; car c'est là ce qui donne au fer la force et la dureté. »

On ne connaît pas de peuple qui ait travaillé le fer et l'acier antérieurement aux Chaldéens et aux Assyriens, et il pourrait y avoir une grande part de vérité dans la théorie historique qui explique, par la possession de ces deux métaux la longue et redoutable domination de Ninive dans le monde antique. Leurs armes, leurs cottes de maille, leurs casques, leurs outils, socs de charrue, pioches, pics, crochets, etc., étaient en fer. Ce métal entrait également dans leurs constructions. Diodore de Sicile, parlant des piles d'un pont qui traversait l'Euphrate à Babylone, dit que les pierres étaient assujetties par des crampons de fer, et les jointures soudées avec du plomd fondu.

On discute encore aujourd'hui pour savoir si les Egyptiens ont connu anciennement l'usage du fer. Quand on examine leurs obélisques, hauts de 30 mètres et travaillés artistement malgré la dureté du granite dont ils sont formés, quand on voit la netteté et la profondeur des hiéroglyphes taillés dans cette pierre, on est tenté d'affirmer que les Egyptiens devaient faire usage de l'acier trempé.

On n'a retrouvé cependant aucun instrument de ce métal remontant à une époque un peu éloignée, sauf un morceau de fer encastré dans les assises de la grande pyramide de Gizeh. Mais on a remarqué que déjà, sous l'ancien Empire, les lames des outils tranchants représentés par la peinture étaient de trois couleurs différentes : les unes noires, les autres rouges et les troisièmes bleues, ce qui paraît indiquer qu'il y en avait en silex, en cuivre et en acier.

Dans des peintures moins anciennes, on voit des bouchers affilant leurs couteaux sur des aiguisoirs bleutés, qui seraient des aiguisoirs d'acier. Quoi qu'il en soit, il paraît certain que le fer n'était pas d'un usage bien répandu pendant les premières périodes de l'histoire égyptienne, et des traces cuivreuses retrouvées dans les arêtes des sculptures permettent de penser que ces arêtes furent taillées avec du bronze.

Les Carthaginois remplacèrent de bonne heure le bronze par le fer ; on a trouvé en Espagne, dans une galerie de plomb argentifère, à 110 mètres de profondeur, des pics en fer à grains aciéreux, à côté de médailles carthaginoises.

Du temps de l'auteur du Pentateuque, le fer servait à fabriquer des glaives et des outils tranchants. Un passage du Deutéronome montre bien le prix qu'on attachait alors à ce métal. Dans sa description de la terre promise, Moïse dit aux Israélites : « C'est une terre où les pierres sont de fer, et où l'on peut extraire du cuivre des montagnes. »

830 ans avant Jésus-Christ, le fer est utilisé dans les constructions du temple de Salomon.

Les colonies égyptiennes, qui fondèrent Thèbes et Athènes, durent apporter dans leur nouvelle patrie la connaissance du fer, si elle n'y existait déjà. A l'époque de la guerre de Troie, ce métal est encore assez précieux pour qu'Achille remette une boule de fer au vainqueur des jeux célébrés en l'honneur des funérailles de Patrocle.

L'homme devint peu à peu assez habile à travailler ce métal rebelle, pour qu'Alyate, roi de Lydie, offrît à l'oracle de Delphes une coupe en fer d'un travail si parfait, qu'elle fût jugée digne de figurer parmi les présents les plus riches de l'oracle.

Lycurgue proscrivit l'or et l'argent de Sparte et décréta pour la monnaie l'usage du fer. De la Grèce, l'art du forgeron passa en Italie, en Espagne et en Afrique. On vantait les mines de fer de la Noricie, et celles de l'île d'Elbe exploitées déjà 700 ans avant notre ère.

Cependant les Romains ne connurent ce métal que quelques siècles plus tard ; mais ils l'employèrent ensuite à de nombreux usages.

On trouve, dans un grand nombre de localités de la France, des vestiges d'anciennes fonderies de fer, ce qui prouve que les Gaulois qui, du reste, étaient privilégiés par la présence du minerai dans leur sol et aussi par les forêts immenses qui couvraient alors la contrée, fabriquaient et travaillaient le fer. « Au delà des dates qui nous sont fournies par les Romains, dit M. Jules Garnier, l'histoire est muette pour nous éclairer sur les travaux sidérurgiques de nos pères; mais il nous semble très probable qu'ils y étaient habitués depuis une époque fort lointaine.

« Le premier historien de la Gaule, Jules César, ne manqua pas de mentionner la perfection et l'importance du travail du fer en Bretagne; c'est avec étonnement que le grand général voit les *barbares*, les Vénètes qui peuplaient la côte de l'Océan, forger des chaînes et des ancres pour leurs navires, pendant que les Romains employaient encore des cordages en chanvre pour retenir les vaisseaux. L'industrie du mineur, si intimement liée à celle du forgeron, fut même utilisée par nos pères pour essayer de résister aux envahisseurs. César nous l'apprend encore, quand il nous dit qu'au siège d'Avaricum (Bourges), les habitants de la ville, habitués aux travaux des mines de fer, établissaient de longues galeries souterraines, au moyen desquelles ils venaient saper les terrassements que les Romains élevaient autour de la ville. »

Cependant les Gaulois ne connurent l'acier que fort tard; pour résister aux Romains, ils n'avaient que leurs épées en fer sans pointe, qui s'émoussaient contre les glaives et les cuirasses de leurs envahisseurs. Mais ils apprirent bien vite cette fabrication nouvelle, et, sous la domination impériale, pour utiliser l'habileté si renommée des ouvriers gaulois, on établit de grandes manufactures d'État à Strasbourg et à Mâcon pour la fabrication des traits et des flèches, à Autun, à Amiens et à Soissons, pour les boucliers et les cuirasses, à Reims pour les épées.

Comment le fer était-il obtenu dans l'antiquité? Pour répondre à cette question, il suffit d'examiner les méthodes sidérurgiques employées encore aujourd'hui par les peuplades sauvages.

Les Esquimaux du Groënland, avant l'introduction dans leur contrée désolée des produits européens, se servaient de fer météorique pour fabriquer des armes et des couteaux;

ils détachaient, par le choc, des écailles d'un de ces blocs et les emmanchaient dans une rainure pratiquée dans un morceau de bois. Pallas rapporte que les habitants des steppes de la Sibérie détachaient des lamelles des blocs de fer météorique et les martelaient pour en faire des instruments de travail. Le même fait a été constaté en Laponie. C'est là la première étape de l'industrie de fer.

L'homme, ensuite, plus habile dans les procédés métallurgiques, grâce à l'école qu'il avait faite en extrayant d'autres métaux de leurs minerais, parvint à réduire les minerais de fer en employant des méthodes très simples, qui ne devaient pas différer beaucoup de celle que Mongo-Parck et Schweinfurth virent mettre en pratique par les naturels de l'intérieur de l'Afrique.

Voici, d'après Schweinfurth, comment les Diours, peuplade de l'intérieur de l'Afrique, préparent le fer. « Les fourneaux dont cette peuplade fait usage sont des cônes d'argile qui n'ont pas plus de quatre pieds d'élévation, et dont la partie supérieure s'élargit en manière de gobelet. Tous ceux que j'ai vus différaient si peu les uns des autres, quant à la forme, qu'ils m'ont semblé avoir été construits d'après un même modèle rigoureusement suivi. Leur faible dimension tient à l'extrême difficulté qu'il y a d'empêcher l'argile de se fendre en séchant, difficulté qui s'accroît avec la masse. La cuvette supérieure communique par un étroit goulot avec la cavité qu'elle surmonte et qui est remplie de charbon. Elle reçoit le minerai sous forme de petits fragments d'environ un pouce cube. Le vide intérieur du fourneau descend plus bas que le niveau du sol ; à mesure de la fusion, la fonte traverse le brasier et tombe dans le creuset au milieu d'une pile de scories. A la base du fourneau, sont quatre ouvertures, dont l'une est assez grande pour permettre l'enlèvement du laitier ; les trois autres sont fermées par des tuyères qui atteignent le milieu du bassin. Il fut répondu à mes questions que jamais on n'employait de soufflet, qu'un feu trop vif était nuisible et occasionnerait une déperdition de métal. Un peu plus d'un jour et demi, environ quarante heures, est la période voulue pour assurer le succès de l'opération. Quand la flamme a traversé toute la masse de la cuvette, on présume que le fondage est terminé. »

« Chez les Bougos, l'appareil et les procédés ne sont plus les mêmes ; le fourneau est en général à trois compartiments, des soufflets y sont adaptés, et le minerai est disposé couche par couche, alternant avec des lits de combustible. Le dépôt du métal est refondu, et la portion la plus lourde, qui se détache par granules ou par folioles, est de nouveau soumise au feu dans des creusets d'argile. Ces parcelles chauffées au rouge, sont alors battues avec une grosse pierre, et réunies en un lingot dont un martelage suffisant chasse les dernières impuretés. Près de la moitié du métal s'éparpille dans le cours du traitement, et serait perdue si les ouvriers n'avaient grand soin de le recueillir. Très homogène et très malléable, le fer obtenu de cette façon égale tout à fait le meilleur fer forgé de notre pays. » (*Voyage au cœur de l'Afrique.*)

Mungo-Parck décrit ainsi le procédé suivi par certaines peuplades de l'intérieur de l'Afrique :

« Les nègres de la côte, approvisionnés de fer à bon marché par les Européens, ne tentent jamais cette fabrication ; mais, dans l'intérieur, les indigènes fondent ce métal utile en quantités telles, que non seulement ils en façonnent eux-mêmes et pour leur usage toutes les armes et tous les instruments nécessaires, mais encore ils en font un article de commerce actif avec les Etats voisins. Pendant mon séjour à Kamalia, il y avait un fourneau à fer presque à ma porte ; le propriétaire et ses ouvriers ne faisaient aucun secret de leur manière d'opérer, et me permettaient d'étudier à loisir le fourneau et de les aider à casser le minerai. Le fourneau d'argile avait la forme d'une tour circulaire de 3 mètres environ de hauteur, et de 0<sup>m</sup>,90 de diamètre, entourée, en deux endroits, de cercles d'osier, pour que l'argile n'éclatât pas et ne tombât pas en morceaux par l'action de la chaleur. Autour de la partie inférieure, au niveau du sol (mais pas aussi bas que le fond de fourneau qui était presque concave), on avait pratiqué sept ouvertures, dans chacune desquelles passaient trois tuyaux d'argile ; ces ouvertures étaient replâtrées de telle manière que l'air ne pouvait entrer dans le fourneau que par les tuyaux dont l'ouverture et la fermeture servaient à régler le feu. Ces tuyaux se fabriquaient en gâchant un mélange compacte d'argile et de gazon autour d'un rouleau de bois uni que l'on retirait dès que l'argile commençait à faire prise ; on

laissait les tuyaux sécher au soleil. Le minerai que j'ai vu
employer était très lourd, de couleur rouge terne, tacheté de
gris ; il était cassé en morceaux de la dimension d'un œuf de
poule. On commençait par mettre dans le fourneau un fagot
de bois sec, qu'on recouvrait d'une quantité considérable de
charbon apporté des forêts voisines. Sur ce charbon, on éten-
dait une couche de minerai, puis une autre couche de charbon, et ainsi de suite, jusqu'à ce que le fourneau fût plein. On
allumait par l'un des tuyaux et on soufflait pendant quelque
temps avec des soufflets en peau de chèvre. L'opération mar-
chait d'abord très lentement, et la flamme ne paraissait au-
dessus du fourneau qu'au bout de quelques heures ; mais alors
la masse brûlait avec une grande énergie pendant toute la
première nuit, et les ouvriers surveillants ajoutaient du charbon par intervalles. Le jour suivant, le feu devenu moins
ardent, on retirait quelques tuyaux, ce qui permettait à l'air
de pénétrer plus librement dans le fourneau ; mais la température était encore très élevée, et une flamme bleuâtre montait
à quelques pieds au-dessus du gueulard. Le troisième jour,
à partir de la mise en feu, on enleva tous les tuyaux ; les
extrémités de la plupart avaient été vitrifiées par la chaleur ;
on en retira le métal que quelques jours plus tard, lorsque
le tout était parfaitement refroidi. Une partie du fourneau fut
alors abattue, et le fer apparut sous forme d'une masse irré-
gulière avec des morceaux de charbon agglutinés. Il était
sonore, et la cassure sur les parties brisées offrait un grain
semblable à celui de l'acier. Le propriétaire m'apprit que bien
des parties de ce massiau étaient inutiles, mais qu'il restait
encore assez de bon fer pour compenser le déchet. Ce fer, ou
plutôt cet acier, est façonné en instruments divers par des
chauffes successives à la forge, qu'alimentait une paire de
doubles soufflets de très simple construction, faits de deux
peaux de chèvre, et dont les tuyaux, réunis avant de pénétrer
dans le foyer, fournissent un vent continu et très régulier.

« Le marteau, les tenailles et l'enclume sont de forme ordinaire, et la main-d'œuvre (surtout pour la fabrication des
couteaux et des lames) ne manque pas de mérite. Le fer est,
à la vérité dur et fragile, et il exige beaucoup de main-d'œuvre avant de se prêter aux usages économiques. » (*Travel in
the interior of Africa*, par Mongo-Parck, London, 1799.)

Le soufflet employé par ces sauvages est un perfectionne-
ment important, qui ne s'introduisit qu'assez tard dans la
métallurgie du fer; en effet, dans les vestiges de fourneaux
retrouvés par M. Quiquerez, dans le Jura-Bernois, dans la
Haute-Alsace, dans le canton de Bâle, etc,, il n'existe aucune
trace de soufflet. On n'avait recours, à cette époque, qu'au
tirage naturel que l'on favorisait au moyen d'une cheminée
placée au sommet du fourneau.

Cependant l'usage des soufflets est relativement fort ancien,
car Homère représente Vulcain réunissant les matières qui
doivent constituer le bouclier d'Achille, et les plaçant dans un
fourneau dont le feu est activé par vingt paires de soufflets.

Ces procédés primitfs, perfectionnés peu à peu, donnèrent
une méthode d'extraction du fer, analogue à la *méthode catalane*, dont l'invention est attribuée aux Romains, et qui s'est
perpétuée jusqu'à nous. Les scories retrouvées renferment, en
effet, beaucoup de fer, comme celles de la méthode catalane, et
peuvent être comparées à nos scories d'affinerie ou de puddlage.

Cette méthode passa de l'île d'Elbe et de la Corse, en
Espagne et dans les Pyrénées, où elle est encore pratiquée à
l'heure actuelle. Mais elle diffère des procédés primitifs en
ce sens que le vent, au lieu d'arriver à la base du foyer, est
lancé au-dessus de l'amas de charbon et de minerai.

« La découverte de la *fonte des minerais*, disent MM. Petit-
gand et Ronna, ne fut pas l'œuvre d'un jour, ni le résultat d'ap-
préciations scientifiques; elle fut l'œuvre patiente d'efforts indi-
viduels, de *secrets*, révélés et transmis par une simple routine.

« Que ces secrets aient été ou non le résultat d'une sorte
d'intuition supérieure aux spéculations de la science, les théo-
ries ne se sont évidemment produites et n'ont pu se produire
qu'après l'expérimentation persévérante des gens du métier.

« A l'origine, un trou de quelques décimètres de profondeur, creusé dans la terre, ou un vide dans un rocher, était
rempli de bois et de minerai; le vent aidait seul la combustion;
le feu réduisait le minerai au contact du charbon, et les gangues rencontraient, dans la portion du minerai non réduite,
les éléments nécessaires à la fusion. Le faible degré de chaleur dégagé par un appareil aussi rudimentaire, exigeait des
minerais très fusibles; de là les longues difficultés du traitement de certains métaux, comme le fer. Ces procédés informes

sont ceux que l'on a retrouvés chez les arborigènes de l'Afrique et du Nouveau-Monde.

· « Plus tard, on substitua à l'incertitude et à l'irrégularité du vent l'action de l'outre gonflée d'air, et à ces appareils le bas-foyer, le four à *masse*, à *lopins*, à *loupes* ou morceaux (*stuckofen*). On augmenta peu à peu la capacité de la cuve et on y accrut la chaleur à l'aide d'une insufflation plus puissante de l'air. Modifiés de diverses manières, suivant les pays, les *bas* et les *moyens* foyers donnèrent lieu à autant de manipulations différentes, connues sous les noms de méthodes suédoise, allemande, styrienne, corinthienne, corse, catalane, navarraise, biscayenne, etc., et quoique la métallurgie en ait plus tard perfectionné quelques-unes, nous les considérerons avec M. Fournet, comme des indices de la première fabrication du fer, qui avait pour but de l'obtenir en parties réunies et immédiatement malléables. On reconnut, pour le minerai de fer, que les produits se liquéfiaient mieux quand le fourneau était plus élancé, parce que la surélévation de température y était plus continue. On allongea donc les fourneaux de 2 à 3 mètres, puis à 5 et plus tard à 7 mètres; c'était le *haut-fourneau*. La sidérurgie avait ainsi vaincu les difficultés qui entravaient son progrès... Les ateliers quittant les montagnes peu accessibles, s'implantèrent au fond des vallées, sur les cours d'eau pour y trouver la force motrice et les moyens de transport des matières premières. »

Les procédés primitifs de fabrication du fer offraient de graves inconvénients; comme on n'ajoutait pas de fondants, une certaine quantité de l'oxyde de fer, au lieu de passer à l'état métallique, se combinait avec les gangues du minerai pour constituer avec elle un protoxyde irréductible, mais fusible: de là une perte dans la quantité du produit obtenu, qui pouvait, dans certains cas, devenir considérable. Quelques minerais compactes, tel que le fer oxydulé par exemple, quoique très riches, restaient intraitables par les bas-fourneaux dont la température n'était pas suffisante pour en effectuer la réduction; ce fait explique pourquoi, dans la plupart des contrées où abonde le fer oxydulé, celui-ci n'a été l'objet d'aucune exploitation sérieuse jusqu'aux temps modernes. En outre, il fallait, à chaque opération, refroidir les fourneaux pour extraire les lopins, et les rallumer ensuite, ce qui occasionnait une perte de temps et une grande consommation de combustibles.

La date de la découverte de la fonte n'a pas encore été fixée d'une manière précise. On sait cependant qu'on fabriquait des poêles de fonte en Alsace, dans l'année 1490. De là, les appareils propres à cette fabrication passèrent en Angleterre, puis en Saxe, qui ne les connut qu'en 1550. On leur apporta alors successivement certaines modifications, ayant pour but de retarder la descente trop rapide du minerai et du charbon, et d'augmenter l'intensité du coup de feu qui doit liquéfier le tout : le haut-fourneau se trouva alors créé. Grâce à ces améliorations, l'opération fut continue; le métal, uni au carbone, devint un composé liquide, c'est-à-dire la fonte, dont la conversion en fer ductile ne souffrait pas de grandes difficultés ; on put traiter alors non seulement les minerais difficiles à réduire, mais encore des minerais pauvres, et, par suite de l'addition des fondants, les laitiers ne retinrent que peu de fer.

Pendant longtemps les hauts-fourneaux marchèrent au charbon de bois. Cependant, dès 1611, un brevet fut accordé par Jacques I$^{er}$, pour une durée de trente et un ans, à Simon Sturtevant, pour l'emploi du charbon de terre dans différentes opérations métallurgiques, entre lesquelles sont spécialement mentionnées l'extraction et la fabrication du fer. Mais les essais faits avec la houille ne réussirent pas, et il s'écoula de longues années avant qu'on entreprit de nouvelles expériences à ce sujet.

Ce fut Abraham Darby qui résolut ce problème vers 1735, à l'usine de Colebrook. En 1730, Darby ayant pris la direction de cette usine et voyant que l'approvisionnement de charbon de bois faisait souvent défaut, essaya le traitement avec un mélange de houille crue et de charbon de bois; mais il échoua. En 1735, il se décida à carboniser la houille en meules, comme les charbonniers carbonisaient le bois. Il essaya le coke ainsi obtenu et réussit, après différents échecs, à obtenir une marche régulière.

Après avoir suivi la lente évolution de la fabrication du fer, depuis son origine jusqu'à nos jours, nous allons décrire maintenant les procédés mis actuellement en œuvre par l'industrie moderne pour obtenir ce précieux métal:

**Minerais.**— Les minerais de fer proprement dits sont les différents oxydes et le carbonate de fer; les sulfures de fer, bien que très abondants dans la nature, ne servent pas à l'extraction du fer ; leur traitement serait trop dispendieux et ne donnerait qu'un métal de mauvaise qualité. Cependant le résidu du grillage des pyrites de fer est mélangé, en Wesphalie, aux minerais de fer avant leur introduction dans le haut-fourneau.

Les oxydes de fer ou le carbonate de fer qu'on rencontre dans la nature ne sont pas purs ; ils sont mélangés plus ou moins intimement avec des substances étrangères, parmi lesquelles dominent surtout l'argile et le calcaire.

Les principaux minerais de fer sont les suivants :

*L'oxyde de fer magnétique* (Fe $^3$O$^4$). Il constitue le minerai le plus riche et fournit un fer très pur. Il se rencontre surtout en Suède, en Norvège et en Laponie. Il en existe une mine en France, à Diélette, près de Cherbourg ; l'Algérie en renferme quelques-unes. Pur, il renferme 72,5 % de fer.

*Le fer oligiste* (Fe $^2$O$^3$) se trouve en amas et en filons puissants dans les terrains de cristallisation ou de transition. C'est dans l'île d'Elbe qu'existe le gisement le plus important et le plus anciennement exploité. Il donne un fer d'excellente qualité. Le fer oligiste est cristallisé.

*L'hématite rouge* (Fe$^2$O$^3$) est en masses amorphes d'un rouge sombre.

La *limonite*, le fer *oolithique*, l'*hématite brune* ont pour formule Fe $^2$O$^3$. IIO.

Ces minerais sont donc constitués par du sesquioxyde de fer hydraté. On les trouve en masses amorphes jaunes ou brunes. Ils sont très abondants.

Le *carbonate de fer* (Fe O.CO$^2$) se rencontre surtout en Angleterre, où son traitement est d'autant plus facile qu'il se trouve près des mines de houille.

Voici la composition de quelques minerais de fer :

*Oxyde magnétique de Diélette.*

|  |  |  |
|---|---|---:|
|  | Fer | 56.48 |
|  | Oxygène | 24.21 |
|  | Silice | 14.80 |
|  | Magnésie | 0.73 |
| Gangues.. | Chaux | 1.10 |
|  | Alumine | 2.20 |
|  | Acide phosphor. | 0.58 |
|  |  | 100.00 |

*Hématite rouge de Nassau.*

|  |  |  |
|---|---|---:|
|  | Peroxyde de fer. | 67.70 |
|  | Quartz et argile. | 16.50 |
|  | Silice | 4.40 |
|  | Alumine | 5.80 |
| Gangues.. | Carb. de chaux. | 1.2 |
|  | Ac. phosphoriq. | 0.30 |
|  | Eau | 4.10 |
|  |  | 100.00 |

*Fer oolithique d'Ars-sur-Moselle.*

|  |  |  |
|---|---|---:|
|  | Peroxyde de fer. | 63.40 |
|  | Alumine....... | 1.10 |
| Gangues.. | Chaux......... | 3.60 |
|  | Silice......... | 3.00 |
|  | Sable et argile.. | 13.30 |
|  | Ac. phosphoriq. | 0.55 |
|  | Eau et ac. carb. | 14.65 |
|  |  | 99.60 |

*Fer carbonaté de l'Isère.*

|  |  |  |
|---|---|---:|
|  | Protoxyde de fer | 52.60 |
|  | Prot. de mang. | 1.70 |
| Gangues.. | Chaux......... | 1.60 |
|  | Magnésie....... | 3.00 |
|  | Quartz......... | 3.20 |
|  | Ac. carbonique. | 37.20 |
|  |  | 99.30 |

*Fer oligiste de l'île d'Elbe,*

|  |  |  |
|---|---|---:|
|  | Fer............ | 61.00 |
|  | Oxygène....... | 32.45 |
| Gangues.. | Silice......... | 6.20 |
|  | Manganèse..... | 0.35 |
|  |  | 100.00 |

*Hématite brune de Dax,*

|  |  |  |
|---|---|---:|
|  | Peroxyde de fer. | 70.00 |
|  | Oxyde de mang. | 1.50 |
| Gangues.. | Argile......... | 14.50 |
|  | Eau........... | 13.25 |
|  |  | 99.25 |

Les minerais de fer sont distribués à profusion, et sur de grandes étendues, à la surface de la terre : la plupart se rencontrent dans presque toutes les formations géologiques, en filons, en amas et en couches. La France est très riche en minerais de fer qui, pour la plupart, sont disposés à la surface et ne nécessitent pas, par conséquent, de grands frais d'extraction ; mais ils sont, en général, d'une richesse médiocre.

Si on excepte les minerais peu communs qui atteignent 50 à 60 %, la moyenne des minerais les plus nombreux ne contient que de 30 à 40 % de fer. Ils sont, en outre, moins avantageusement situés que ceux d'Angleterre, car ils sont ordinairement éloignés des houillères, ce qui augmente le prix de revient de leur produit.

La plupart des minerais ne peuvent servir à la fabrication de la fonte qu'après avoir subi certaines opérations préliminaires destinées soit à les épurer ou à les enrichir, soit à les rendre plus poreux, et, par suite, plus faciles à réduire.

Ces préparations sont de deux sortes : les unes sont mécaniques et les autres sont chimiques.

Les opérations mécaniques comprennent le *cassage*, le *triage* et le *lavage*.

Le cassage se fait au moyen de marteaux à manche long et flexible, analogues à ceux des casseurs de pierre, ou à l'aide de pilons mus mécaniquement (*bocards*).

Le triage a pour but de débarrasser autant que possible le

minerai des gangues (*matières étrangères*), qu'il est économique d'éliminer afin de réduire la quantité de matières à fondre, et des matières nuisibles qu'il peut renfermer, telles que sulfure de fer, phosphates, etc. Le triage est le plus souvent opéré par des femmes ou des enfants dans la mine même, ou tout au moins à proximité du lieu d'extraction.

Le lavage a lieu en général lorsque les minerais sont empâtés de sable et d'argile.

Quand la proportion de terre n'est pas trop forte et que l'argile n'est ni trop dure ni trop adhérente au minerai, on se contente de brasser celui-ci dans des bassins en bois, où on fait affluer l'eau nécessaire. L'argile reste en suspension dans le liquide et se trouve entraînée. Les bassins sont quelquefois disposés en étages, et la matière passe successivement de l'un dans l'autre jusqu'à ce qu'elle soit bien nettoyée. Le minerai est remué dans les bassins soit à la pelle soit au patouillet. Le patouillet se compose d'une caisse demi-cylindrique remplie d'eau, dans laquelle tourne l'arbre d'une roue hydraulique qui met en mouvement des bras de fer qui agitent le minerai.

Les opérations chimiques consistent : 1º en une simple *exposition à l'air* ; 2º ou en un *grillage*.

Les minerais spathiques, par exemple, sont simplement exposés à l'air, en tas, pendant un temps qui varie de dix mois à deux ans ; les pyrites de fer (bisulfure de fer) s'effleurissent, c'est-à-dire passent par oxydation à l'état de sulfate de fer, et le carbonate de magnésie se change en bicarbonate soluble, de sorte que les eaux de pluie entraînent ces deux substances, tandis que le fer du minerai se peroxyde. Cette opération convient également aux minerais à gangue schisteuse, car ils se délitent facilement sous l'influence des variations atmosphériques.

Le grillage consiste à chauffer le minerai au contact de l'air, soit à l'air libre, soit dans un four. Cette opération a pour but de débarrasser les minerais des matières volatiles qu'ils contiennent, soufre, arsenic, eau, acide carbonique, etc., d'en faciliter la division, de les rendre plus poreux, et, par conséquent, plus perméables aux gaz réducteurs du haut-fourneau. Le grillage doit être surtout appliqué aux minerais en roche, aux minerais pyriteux auxquels il enlève le soufre, et aux minerais carbonatés qu'il dépouille de l'acide carbo-

nique et des matières bitumineuses. L'oxyde magnétique, le
fer spathique et le fer carbonaté lit hoïde doivent toujours être
grillés : les deux premiers parce qu'ils sont très compactes, le
troisième parce qu'il renferme du bitume et du soufre. Dans
cette opération le minerai passe à l'état de peroxyde ; c'est
donc le plus souvent à ce degré d'oxydation que les minerais
de fer sont chargés dans le haut-fourneau.

Quand le minerai n'est pas très compact, qu'il ne contient
ni soufre, ni arsenic, et qu'il ne renferme que des substances
étrangères (en dehors des gangues ordinaires) dont le départ
peut s'effectuer à une température peu élevée, il est inutile
de le soumettre au grillage, car ces dernières substances se
volatiliseront facilement dans la zone supérieure du haut-
fourneau.

Le grillage s'effectue très rapidement et très économique-
ment dans des fours à cuve, analogues aux fours à chaux.

Aujourd'hui on améliore la qualité des produits et on
réduit les frais de fabrication en mélangeant en proportions
convenables des minerais de nature différente, avant de les
traiter dans le haut-fourneau [1]. Lorsque dans une usine, on
a des minerais à gangue calcaire et des minerais à gangue argileuse, si on traitait séparément ces deux sortes de
minerais, il faudrait ajouter aux premiers de l'argile, et aux
seconds du carbonate de chaux ; en les mélangeant, au contraire, en proportions convenables on pourra les traiter sans
addition de fondants. On diminue ainsi les quantités de
matières à fondre, et on réalise une économie de combustible.
En outre, on peut, par cette préparation bien simple, utiliser
certains minerais trop pauvres pour être traités seuls dans
le haut-fourneau ; en les employant comme fondants, en

1. Cette méthode excellente d'opérer est relativement récente : elle
ne date, en effet, que du xviiie siècle. De Courtivron nous apprend, dans
un de ses mémoires, qu'il entreprit des essais sur le mélange des
divers minerais afin d'améliorer la qualité des produits, procédé
ignoré en France à cette époque. « M. Stahl, dit-il, dans un de ces
ouvrages, parle d'un homme qui, au moyen du mélange de plusieurs
mines d'Allemagne, qui, fondues seules ou alternativement ensemble,
donnaient un fer de mauvaise qualité, en donnaient un excellent
lorsque plusieurs de ces mines étaient fondues en même temps.
Ces épreuves qui, en France, n'ont été tentées par personne, m'ont
paru mériter de l'être, etc. »

ayant égard à la nature de leur gangue, le fer qu'ils contiennent vient s'ajouter à celui du minerai et augmente le rendement en fonte. On peut ainsi tirer partie de minerai très impur ;
supposons, en effet, un minerai phosphoreux qui, traité seul
dans le haut-fourneau, donnerait, par l'affinage de la fonte
produite, un fer contenant 0,70 de phosphore, c'est-à-dire un
fer de qualité médiocre ; si on mélange ce minerai, en proportions égales, à un autre beaucoup moins phosphoreux, le fer
ne contiendra plus qu'une quantité plus petite de phosphore,
et ce produit, sans être d'excellente qualité, sera cependant
un fer marchand. Le mélange des minerais s'opère aujourd'hui dans presque tous les établissements sidérurgiques.

**Haut-fourneau**. — Les minerais de fer consistent,
ainsi que nous l'avons déjà vu, en une combinaison oxygénée
de fer mélangée à des gangues. Après les avoir grillés pour
en éliminer l'eau, l'acide carbonique et les matières volatiles,
on les introduit dans le haut-fourneau avec du charbon et
les fondants nécessaires pour scorifier les gangues. A la
haute température à laquelle ils sont alors exposés, et en
présence du charbon et des gaz réducteurs qu'il produit,
l'oxyde de fer est d'abord réduit, puis le fer se combine au
carbone et passe à l'état de fonte ; celle-ci entre en fusion et
se réunit en masse à la faveur des scories. Le carbone, dans
cette opération, joue donc un triple rôle ; il développe d'abord
la chaleur nécessaire à l'action chimique et à la fusion des
corps qui doivent se liquéfier ; en outre, il produit de l'oxyde
de carbone, agent réducteur, qui amène le fer à l'état métallique ; enfin, il s'unit au métal réduit et le change en fonte
fusible.

Un haut-fourneau (fig. 1) a la forme de deux cônes,
accolés par leur grande base. Il se compose de différentes
parties :

L'ouverture supérieure A, qui est ordinairement circulaire,
s'appelle le *gueulard* ; c'est par là que l'on introduit le minerai
et le combustible. La partie BC est appelée la *cuve* ; c'est dans
cette partie que l'oxyde de fer est réduit (c'est-à-dire désoxygéné) par l'oxyde de carbone, aussi a-t-elle la forme d'un
tronc de cône dont la grande base est dirigée vers le bas, afin
que la colonne gazeuse ascendante soit resserrée, et que le
contact entre le minerai et les gaz soit plus intime.

CD est le *ventre* du fourneau.

On appelle l'espace DE les *étalages;* c'est dans cette partie
que commence la carburation de fer; les gaz y jouent un rôle

Fig. 1. — Haut-fourneau.

moins nécessaire que dans la cuve, aussi est-elle évasée.

La partie EF est l'*ouvrage;* c'est là qu'existe la température la plus élevée; le fer et les scories y fondent complètement et se rendent à l'état fluide dans le *creuset* G. La paroi
antérieure du creuset est formée par une forte pierre M,

appelée *dame;* au-dessus se trouve une voûte nommée *tympe;* c'est par l'intervalle compris entre le tympe et l'avant-creuset que s'écoule le laitier, sur le plan incliné MN.

Enfin en S se trouve une tuyère qui communique avec une pompe mue mécaniquement; par cette tuyère une énorme quantité d'air est injectée continuellement à la base du haut-fourneau. L'ensemble de ces appareils constitue ce que l'on nomme la *soufflerie.*

Voici les dimensions de ces divers éléments :

Hauteur totale........ de 8 à 16 mètres.
Diamètre du gueulard.. de 0^m,80 à 4 ou 5 mètres.
— du ventre.... de 1^m,50 à 3 ou 6 mètres.
— supérieur de
l'ouvrage.. de 1^m à 2^m,50.
— inférieure de
l'ouvrage.. de 0^m,80 à 2 mètres.
Hauteur de la cuve..... en général les 2/3 de la hauteur totale.
— des étalages... de 1 à 2 mètres $\left(\frac{1}{8} \text{ ou } \frac{1}{16} \text{ de la hauteur totale.}\right)$
— du creuset..... de 1^m,50 à 2^m,50.

L'enveloppe extérieure du haut-fourneau se nomme *muraillement;* elle est traversée par des canaux destinés au dégagement de l'humidité afin d'éviter les fendillements dans la construction. La *chemise* du fourneau est construite en pierres siliceuses ou en briques très réfractaires; elle est séparée du muraillement extérieur par une couche de sable ou de matériaux réfractaires en fragments, ce qui permet aux parois de se dilater sans se fendre; ces corps, étant mauvais conducteurs, servent aussi à concentrer la chaleur dans l'intérieur du fourneau; en outre, cette disposition permet de faire les réparations nécessaires sans toucher au muraillement.

La paroi postérieure et les deux parois latérales du fourneau portent des ouvertures *o*, dans lesquelles on engage les tuyères destinées à amener le vent; ces ouvertures se trouvent dans un même plan horizontal, un peu plus élevé que le bord de la tympe.

On pratique, en général, dans les fondations du haut-fourneau, des canaux communiquant avec l'intérieur, destinés à réunir et à faire écouler les eaux lors de la mise en feu.

Bunsen et Playfair ayant reconnu que, dans un haut-fourneau d'Alfredon, on perdait sous forme de gaz 81,50 °/₀ de matières combustibles qui brûlaient en pure perte en s'échappant du gueulard, ce qui représente par 24 heures 11,4 tonnes de charbon, on s'efforça de recueillir ces gaz et de les utiliser pour chauffer l'air de la soufflerie. Mais il est important de les recueillir sans qu'il en résulte de perturbation dans la marche du haut-fourneau, et pour cela il faut les prendre dans un point où on est certain qu'ils ont cessé leur action, et à une distance telle du gueulard qu'ils puissent sortir à l'état sec. On doit, en outre, éviter qu'ils soient en contact avec l'air atmosphérique, qui pourrait favoriser leur combustion. On peut arriver à ce résultat de différentes manières, soit en surélevant le haut-fourneau et en soutirant une partie des gaz par des ouvertures placées sur les côtés, soit en surmontant le gueulard d'un système de trémie, munies d'une porte mobile qui, lorsqu'elle est fermée, permet aux gaz de s'échapper par un tuyau latéral.

Les gaz ainsi recueillis sont amenés, au moyen d'un large tuyau, dans une caisse rectangulaire ; là, ils échauffent des appareils tubulaires qui, à leur tour, échauffent l'air envoyé par la soufflerie.

Les hauts-fourneaux doivent être placés de façon à ce que les matières premières et les divers produits aient à subir le moins de transport possible. Dans les pays accidentés, on adosse toujours le fourneau à une colline, afin que le minerai et le combustible puissent arriver de plain-pied jusqu'au gueulard ; dans les pays de plaine, où ces conditions ne peuvent être remplies, on élève les charges au niveau de la plate-forme du gueulard, soit à l'aide de *plans inclinés*, soit à l'aide de la *balance d'eau*.

La balance d'eau est une machine hydraulique d'une extrême simplicité ; elle est employée avec beaucoup d'avantages à cause du peu de frais nécessités par son installation, lorsque les dispositions locales permettent son établissement. Elle consiste en une tonne suspendue à une corde s'enroulant sur un treuil, et munie à sa partie inférieure d'une soupape à queue s'ouvrant de bas en haut ; lorsque la tonne est au haut de sa course, on y fait arriver un courant d'eau ; dès qu'elle en renferme une quantité suffisante pour l'emporter sur le poids qu'il s'agit d'élever, et qui est attaché à une corde qui s'enroule sur la gorge de la poulie du treuil, elle descend, après avoir fermé le robinet d'alimentation, au moyen d'un mécanisme à marteau très simple ; arrivée au bas de sa course, la queue de la soupape vient buter contre un tasseau qui l'ouvre, et la tonne se vide.

La tonne vide est remontée ensuite, en même temps que la charge, et à l'aide du mécanisme ci-dessus ; elle ouvre au haut de sa course le robinet d'alimentation. Une pompe foulante, annexée à la machine soufflante, envoie continuellement de l'eau dans un réservoir situé au sommet de l'appareil.

On peut encore établir entre le sol et le sommet du haut-fourneau, un plan incliné à deux voies, sur lequel circulent des vagons pleins, pendant que les vagons vides redescendent ; ce système est mis en mouvement par une machine à vapeur.

Lorsqu'un fourneau vient d'être construit, il faut le dessécher avant de s'en servir.

Cette opération exige quelques soins ; c'est ce qu'on nomme la *mise en feu*.

Le fourneau, une fois mis en marche, ne doit plus s'arrêter que lorsque des réparations sont indispensables ; c'est ce qu'on appelle une *campagne*. La durée de cette campagne est très variable : elle est quelquefois de quatre ans, de six ans et même de huit ans. Le travail du haut-fourneau marche sans interruption et ne chôme ni jour ni nuit. A chaque fourneau sont attachées deux brigades d'ouvriers qui se relèvent alternativement, et ordinairement au moment de la coulée, parce que c'est l'instant où l'on a besoin d'un plus grand nombre de bras. Chaque brigade comprend : un *fondeur* qui dirige la marche du haut-fourneau, un ou deux *chargeurs* qui apportent les matières au gueulard et les introduisent dans la cuve, et, en outre, de plusieurs *manœuvres* chargés d'enlever les laitiers, de briser les gueuses de fonte, etc.

Le combustible, le minerai et les fondants sont introduits par le gueulard à intervalles réglés, et dans des proportions qui, déterminées lors de la mise en feu, doivent rester constantes pendant toute la durée du travail. La régularité de l'allure exige que la cuve soit constamment maintenue pleine jusqu'au gueulard : le plus grand abaissement possible ne doit pas dépasser 1$^m$,30. Cet abaissement se constate à l'aide d'une sonde coudée, dont l'une des branches a juste la hauteur d'une charge.

On fixe alors la nature et la proportion des fondants par des analyses et des essais en petit, puis on modifie la charge des fondants en plus ou en moins jusqu'à ce qu'on parvienne, eu égard à la fonte que l'on veut obtenir, au résultat le plus économique.

Les fondants doivent être concassés, comme les minerais, en fragments de la grosseur d'un œuf.

Les matières employées comme fondants sont surtout : le *carbonate de chaux* et l'*argile* (silicate d'alumine).

La silice est la substance qui joue le rôle le plus important ; elle se combine aux bases et forme avec elles des silicates plus ou moins fusibles. Le but que l'on se propose est la préparation d'un mélange fusible de silice et de bases. A formule égale, un silicate simple contenant une seule base infusible est toujours moins fusible qu'un silicate double ou multiple renfermant deux ou plusieurs bases ; on cherche donc, en général, à former des silicates multiples, plutôt que des silicates simples.

Quand la gangue d'un minerai est argileuse, on ajoute du carbonate de chaux (*castine*), qui forme avec la silice un silicate d'alumine et de chaux, fusible à la température du haut-fourneau.

Si la gangue est calcaire, on ajoute de l'argile (*erbue*).

Dans les deux cas, on obtient un silicate double d'alumine et de chaux, plus ou moins fusible suivant sa composition, qui coule dans le creuset et qui reçoit le nom de *laitier*.

Le minerai, le combustible et les fondants peuvent être chargés à part ; mais, dans certaines usines, on prépare de toutes pièces, sur la plate-forme du gueulard, le mélange du minerai, des fondants et du combustible, que l'on dispose par couches uniformes, dans lesquelles on tranche pour prendre la charge ; celle-ci est ensuite conduite au gueulard par des vagonnets en tôle à fond mobile, qui, amenés par une grue dans l'axe du gueulard, sont vidés instantanément par le décliquetage du fond.

Le nombre total des charges introduites dans le haut-fourneau par vingt-quatre heures varie d'une usine à l'autre ; il dépend, en effet, de la grandeur de chaque charge et de la quantité d'air lancé dans le haut-fourneau. Il y a des usines où on ne charge que 20 à 25 fois, et d'autres où l'on charge jusqu'à 120 et même 140 fois (*flussofen* d'Autriche). De douze en douze heures, et quelquefois toutes les huit heures, on opère la coulée, à moins qu'une partie ou la totalité du métal soit destinée à être moulée ; dans ce cas, la fonte en fusion est puisée directement dans le creuset au moyen d'une poche en fer.

Le travail de la coulée est très simple ; on commence par débarrasser le creuset de la plus grande partie des laitiers qu'il contient, puis l'on fait avec le ringard une percée dans le tampon d'argile qui bouche le trou de coulée, et, dès que la fonte apparaît, on arrête la soufflerie. La fonte est reçue dans des rigoles creusées dans le sol de la fonderie, rigoles dont la section est triangulaire, trapézoïdale ou semi-circulaire ; les lingots de fonte, ainsi obtenus, sont appelés *gueuses*.

Le sol de l'usine doit être recouvert de sable légèrement argileux, auquel on mélange un peu de fraisil de charbon ; une rigole principale qui part du trou de coulée communique directement avec chacun des moules et y amène la fonte liquide.

La durée de l'opération varie de 20 à 30 minutes.

Après avoir donné la description des hauts-fourneaux, et avoir indiqué les opérations pratiques à l'aide desquelles on fait marcher ces appareils, nous devons nous occuper de la théorie de la fabrication de la fonte.

C'est grâce surtout aux travaux d'un ingénieur français, Ebelmen, que cette théorie est connue. Il arriva à l'instituer par l'analyse des gaz puisés à différentes hauteurs dans un haut-fourneau en activité.

En examinant un haut-fourneau en marche, on voit que, d'un côté, on introduit par le gueulard des couches alternatives de minerai et de combustible, et que de l'autre on injecte par les tuyères une quantité d'air considérable. On a donc à considérer deux colonnes de nature différente : l'une, qui est une colonne solide et descendante ; l'autre, gazeuse et ascendante.

Considérons d'abord la colonne gazeuse et ascendante.

L'air injecté arrive en grande quantité sur le charbon enflammé ; il se produit de l'acide carbonique. Cet acide carbonique, en s'élevant dans l'intérieur du haut-fourneau, traverse dans les étalages une couche de charbon porté au rouge ; il se transforme en oxyde de carbone : $CO^2 + C = 2\,CO$.

L'oxyde de carbone ainsi formé se trouve, dans le ventre du haut-fourneau, en contact avec le minerai de fer porté au rouge; l'oxyde de carbone s'empare de l'oxygène du minerai de fer, pour repasser à l'état d'acide carbonique, et le fer est mis en liberté. Si le minerai est du sesquioxyde de fer, par exemple, on aura la réaction suivante :

$$Fe^2O^3 + 3CO = 2Fe + 3CO^2.$$

Ainsi donc l'acide carbonique, qui prend naissance dans l'ouvrage, se transforme dans les étalages, au contact du charbon porté à une haute température, en oxyde de carbone. Mais l'oxyde de carbone est un gaz réducteur; dans le ventre, traversant le minerai de fer (oxyde de fer) porté au rouge, il s'empare de l'oxygène de celui-ci pour repasser à l'état d'acide carbonique, qui s'échappe par le gueulard; il en résulte donc que le fer du minerai est mis en liberté.

Voyons maintenant ce qui se passe dans la colonne solide descendante, depuis le gueulard jusqu'au creuset, c'est-à-dire pendant qu'elle traverse toute la hauteur du haut-fourneau.

Dans la cuve, c'est-à-dire au haut du fourneau, les matières solides qui constituent cette colonne (minerai, fondants et combustible) se déshydratent, s'échauffent de plus en plus à mesure qu'elles descendent dans la cuve, et le carbonate de chaux (castine) qu'elle contient perd son acide carbonique.

Dans le *ventre*, nous avons vu que le minerai de fer était réduit par l'oxyde de carbone; le fer, mis en liberté par suite de cette réaction, reste, sous forme de particules solides, mélangé avec le charbon, les fondants et les gangues. Toute la colonne solide passe ensuite dans les *étalages*.

Là, la chaux vive, provenant de la décomposition du carbonate de chaux ci-dessus effectuée, se combine à l'argile pour former un silicate double d'alumine et de chaux fusible qui constitue le laitier. Le fer se combine avec une petite quantité de carbone et un peu de silicium provenant d'une réduction partielle de la silice pour former de la fonte.

Dans l'*ouvrage* où règne la température la plus élevée, la fonte et le laitier fondent et tombent dans le creuset, situé au-dessous de l'ouvrage.

Dans le creuset se trouvent alors deux couches liquides

superposées : la couche supérieure est le laitier; la couche inférieure est constituée par la fonte en fusion.

Dès que le laitier atteint la partie supérieure de la *dame*, il s'écoule sur le plan incliné où il se solidifie. Lorsque le creuset est entièrement rempli de fonte, on procède à la coulée.

**Produits du haut-fourneau**. — Le produit de la réduction du minerai de fer au haut-fourneau n'est pas du fer pur, mais une combinaison de fer, de carbone et d'une petite quantité de silicium, qu'on désigne sous le nom de *fonte*.

La fonte n'est pas toujours identique à elle-même, et ses différentes variétés peuvent être considérées comme des combinaisons, en proportions variables, de fer et de carbone, auxquels viennent se joindre plusieurs autres substances, telles que le silicium, le soufre, le phosphore et le manganèse, provenant des minerais traités. Le manganèse seul n'est pas nuisible; les autres corps, au contraire, lorsqu'ils sont en proportions un peu considérables, ont une influence funeste sur les qualités de la fonte; cependant le carbone joue un rôle prépondérant dans les propriétés physiques du métal.

Le fer, en présence du carbone, à une haute température, absorbe une quantité de ce corps d'autant plus grande que l'opération est plus prolongée ou que la température est plus élevée. Si, après s'en être saturé, le fer est abandonné à un refroidissement graduel, la portion surabondante de carbone cristallise, au milieu de la masse, qui alors est composée d'un mélange de fer au minimum de carburation, et de carbone à l'état de graphite.

Au contraire, lorsque le refroidissement est brusque, le carbone ne peut se déposer et reste tout entier en dissolution dans la fonte.

De là deux principaux types de fontes : la *fonte blanche* et la *fonte grise*.

La fonte blanche présente une couleur d'un blanc d'argent, une cassure cristalline et un grand éclat. Sa densité varie de 7,44 à 7,84. Elle est dure, cassante et se laisse difficilement attaquer par la lime. Elle fond entre 1050° et 1100°, mais reste toujours à l'état pâteux. Dans cette variété de fonte, le carbone se trouve presque entièrement combiné.

La fonte grise a une couleur qui varie du gris clair au gris noir foncé; sa texture est grenue et cristalline. Elle est douce, se laisse limer et marteler sans se rompre. Sa densité varie de 6,79 à 7,05; elle entre en fusion à 1200°, et devient très liquide. Dans cette variété de fonte, le carbone est en partie combiné et en partie mélangé, parce qu'une portion de ce corps a pu, grâce au refroidissement lent du métal, se séparer de celui-ci sous forme de graphite.

On peut, en effet, transformer la fonte grise en fonte blanche par un refroidissement rapide; il suffit de jeter de l'eau sur la *gueuse* qui vient d'être coulée, pour que cette transformation ait lieu.

On distingue encore un troisième type de fonte, la *fonte truitée;* mais celle-ci n'est qu'un mélange de fonte blanche et de fonte grise, participant des proprités de l'une et de l'autre..

La trempe durcit et aigrit la fonte blanche; son action sur la fonte grise est analogue, quoique beaucoup plus faible.

Le recuit diminue la dureté et l'aigreur de toutes les fontes.

Le silicium en minime proportion ne nuit pas à la qualité de la fonte, mais en grande quantité il rend la fonte moins tenace.

Le soufre rend la fonte très fusible et lui donne une grande tendance à se convertir en fonte blanche.

Le phosphore rend la fonte fusible, lente à se figer; en grande quantité, il réduit fortement sa ténacité.

Le manganèse communique à la fonte la propriété de renfermer une proportion plus forte de carbone, à l'état de dissolution ou de combinaison; les fontes manganésifères renferment donc, en général, peu de carbone à l'état de graphite, et sont ordinairement blanches.

La fonte blanche, surtout celle qui renferme du manganèse, sert à fabriquer le fer; la fonte grise, qui se liquéfie complètement à la chaleur, est employée pour le moulage.

Les tableaux suivants donnent la composition de quelques fontes :

*Fontes grises.*

| | | | | |
|---|---|---|---|---|
| Graphite | 2,171 | 3,156 | 2,641 | 2,300 |
| Carbone combiné | 0,086 | 1,347 | 1,021 | 0,700 |
| Phosphore | 0,459 | 0,842 | 0,928 | 0,210 |
| Soufre | 0,036 | 1,267 | 1,139 | 0,068 |
| Silicium | 3,265 | 2,721 | 3.061 | 2,880 |
| Manganèse | 0,388 | 2,401 | 0,834 | » |

*Fontes blanches.*

| | | | | |
|---|---|---|---|---|
| Carbone................ | 4,313 | 5,80 | 3,82 | 3,75 |
| Soufre ............... | 0,014 | traces | 0,05 | » |
| Phosphore ........... | 0,059 | ? | 0,05 | » |
| Silicium............ | 0,997 | 0,52 | 0,17 | 0,45 |
| Manganèse............ | 10,707 | 4,66 | 6,95 | 2.23 |

**Laitiers**. — Les fondants ajoutés dans le traitemer. au haut-fourneau ont pour but de se débarrasser de la gangue des minerais, en rendant celle-ci fusible. Cette gangue est ordinairement constituée par des matières terreuses, de la silice, de l'argile ou des calcaires; les fondants employés sont le carbonate de chaux et l'argile (silicate d'alumine plus ou moins pur). On ajoute, ainsi que nous l'avons déjà dit, de l'argile lorsque la gangue est calcaire, du carbonate de chaux lorsqu'au contraire elle est argileuse.

On obtient ainsi un silicate double d'alumine et de chaux, qui coule dans le creuset.

Ce laitier contient toutes les matières fixes des minerais traités, et une proportion plus ou moins grande d'oxyde de fer.

Voici, comme exemple, la composition de trois laitiers.

| | | | |
|---|---|---|---|
| Silice....................... | 44,4 | 60,0 | 36,0- |
| Chaux...................... | 28,4 | 20,6 | 19,6 |
| Magnésie.................... | 1,6 | 7,2 | 2,4 |
| Alumine.................... | 17,0 | 7,4 | 26,0 |
| Protoxyde de fer............ | 4.4 | 3,0 | 5,0 |
| Protoxyde de manganèse..... | 2,0 | 3,6 | » |
| | 77,8 | 111,8 | 92,0 |

L'industrie produit des quantités énormes de fonte, de fer et d'acier. Voici, d'après le rapport de Gruener sur l'exposition de Vienne, le nombre de *tonnes* de fonte, de fer et d'acier fabriquées en 1872 :

| | FONTE | FER DOUX | ACIER |
|---|---|---|---|
| Angleterre.......... ... | 6,723,387 | 3,500,000 | 500,000 |
| Etats-Unis........... | 2,250,000 | 1,602,000 | 143,000 |
| Allemagne.......... | 1,600,090 | 1,150,000 | 200,000 |
| France........... . | 1,180,050 | 883,000 | 138,000 |
| Belgique............ | 655,565 | 502,577 | 15,284 |
| Luxembourg........ | 250,000 | » | » |
| Autriche-Hongrie. .. | 400,000 | 300,000 | 49,250 |
| Suède et Norwège... | 300,000 | 191,800 | 12,000 |
| Russie........ . ... | 360,000 | 245,000 | 7,204 |
| Espagne............ | 34,500 | 35,000 | 250 |
| Italie............... | . 25,000 | 24,000 | } Insignifiant. |
| Canada, Indes, etc.. | 100,000 | 70,000 | } |
| | 13,878,452 | 8,503,977 | 1,064,988 |

La quantité de fonte fabriquée dans le monde entier s'accroît d'année en année. Voici les chiffres de la production des différents pays européens et des Etats-Unis en 1862 et en 1882 :

|  | 1862 | | 1882 | |
|---|---|---|---|---|
| Grande-Bretagne......... | 3,943,469 | tonnes. | 8,620,686 | tonnes. |
| Allemagne............... | 660,650 | — | 3,004,216 | — |
| France.................. | 1,053,000 | — | 2,039,067 | — |
| Belgique ............... | 311,838 | — | 726,946 | — |
| Luxembourg ........... | 100,000 | — | 376,587 | — |
| Etats-Unis.............. | 834,445 | — | 4,697,019 | — |
| Autriche... ..... ..... | 200,000 | — | 522,400 | — |
| Russie............ .... | 286.000 | — | 402,908 | — |
| Suède.................. | 199,541 | — | 398,955 | — |

Ainsi, en 1862, la production de la fonte en Europe et aux États-Unis était de 7,700,000 tonnes environ ; en 1882, elle s'est élevée à 21,400,000 tonnes ; c'est-à-dire que, dans l'espace de vingt années, elle a presque triplé.

En 1888, la production de la France a été de 1,683,300 tonnes ; parmi les vingt-cinq départements qui ont pris part à cette énorme fabrication, celui de Meurthe-et-Moselle occupe le premier rang (911,000 tonnes) ; viennent ensuite les départements du Nord (232,000 tonnes) ; du Pas-de-Calais (85,000 tonnes) ; de Saône-et-Loire (70,000 tonnes) ; etc. Le nombre des usines en activité a été de 68, comprenant 196 hauts-fournaux en feu.

On peut appliquer au fer ce que Dumas a dit de l'acide sulfurique : « Si l'on possédait un tableau exact des quantités de fonte, de fer et d'acier consommées annuellement dans divers pays ou à diverses époques, il n'est pas douteux que ce tableau présenterait, en même temps, la mesure précise du développement de l'industrie générale pour ces époques et pour ces pays. »

**Extraction directe du fer de ses minerais.** — Le haut-fourneau donne comme résultat de la fonte, c'est-à-dire du fer contenant du carbone et du silicium ; la méthode dite *catalane* produit directement du fer. Ce procédé est encore employé dans les Pyrénées, en Corse et dans quelques provinces d'Espagne, mais il tend à disparaître de jour en jour.

Pour obtenir le fer contenu dans le minerai à l'état

d'oxyde ou de carbonate et mélangé de gangue, il faut réduire le minerai par l'oxyde de carbone et éliminer la gangue par fusion. Cette gangue peut être siliceuse où calcaire, mais la méthode catalane exige que l'élément siliceux domine; il faut donc employer des minerais siliceux ou argileux, ou bien des mélanges de minerais siliceux et calcaires. Pour que la silice forme des silicates fusibles, il est nécessaire qu'elle se combine avec une ou plusieurs bases; dans la méthode catalane, la base est le protoxyde de fer fourni par la réduction incomplète du minerai; on obtient ainsi un silicate multiple, dont la base dominante est l'oxyde de fer.

Le foyer catalan (fig. 2) consiste en un creuset formé par une cavité quadrangulaire de 70 centimètres environ de profondeur et appuyé contre un des murs de l'usine. Le creuset est

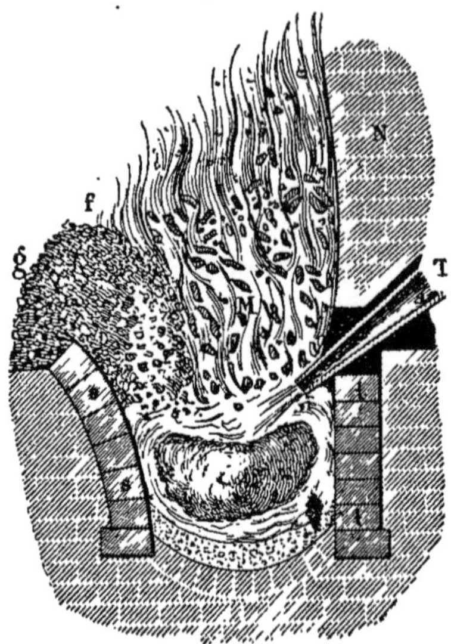


Fig. 2. — Forge catalane.

établi dans une maçonnerie en pierres sèches reliées avec de l'argile; là partie occupée par le creuset ne repose pas directement sur le sol, mais sur plusieurs petits arceaux de maçonnerie, qui empêchent l'humidité de pénétrer dans le creuset. Au-dessus de ces arceaux se trouve une couche de scories de forge et d'argile, recouverte par une pierre de granit qui forme la sole du creuset.

Au-dessus de la pierre de fond s'élèvent quatre faces latérales :

La face de devant porte le nom de *chio;*

La face opposée s'appelle la *cave;*

La face de gauche s'appelle les *porges;*

La face de droite porte le nom d'*ore* ou de *contre-vent.*

La face du chio, dont la hauteur est d'environ 0^m,65, est verticale et formée par trois pièces de fer placées bout à bout; la plaque du milieu est la *restangue*, les deux plaques extrêmes sont les *laiteroles*. La *restangue* sert d'appui aux ringards, avec lesquels les ouvriers soulèvent la masse de fer produite pendant l'opération.

Les porges sont composées de pièces de fer *t, t, t*, placées de champ les unes sur les autres.

L'ore ou contre-vent est composé de pièces de fer *s, s, s*, en forme de coin; elles sont un peu inclinées et disposées de manière à former dans leur ensemble une surface courbe.

Une tuyère *t* amène l'air dans le foyer; elle est formée par une plaque de cuivre rouge tournée en tronc de cône, sans soudure. Son inclinaison, qui exerce une grande influence sur la marche de l'opération, varie de 35 à 40°.

La machine soufflante çatalane est une trompe à eau.

Lorsqu'une opération est finie, les ouvriers nettoyent le creuset et remettent le charbon incandescent dans le creuset, qui se trouve alors rempli jusqu'à la hauteur de la tuyère. Un d'eux sépare ensuite le creuset en deux compartiments en plaçant une pelle verticalement et parallèlement aux porges, de manière que le compartiment compris entre la pelle et les porges soit le double du compartiment compris entre la pelle et le contre-vent. D'autres ouvriers tassent du charbon dans le premier compartiment, et du minerai en morceaux de la grosseur d'une noix dans le deuxième. On élève la pelle successivement à mesure que l'espace inférieur se remplit, et on forme ainsi un mur de minerai, qui s'élève de 0^m,20 au-dessus de l'ore. Le minerai est disposé de façon à former un dos d'âne *g f*, dont l'arête *f* vient buter d'un côté sur la cave, et de l'autre sur la banquette du chio. La surface *f g* est recouverte de brasque tassée, et l'espace M, compris entre le mur et le minerai, est rempli de charbon de bois; on donne alors le vent faiblement, puis on l'augmente progressivement. Soumis à un courant d'air de plus en plus énergique, le carbone du combustible se transforme d'abord en acide carbonique; mais, celui-ci, en s'élevant dans le creuset, rencontre du charbon incandescent, lui cède la moitié de son oxygène et passe à l'état d'oxyde de carbone, de sorte que la mine est traversée par un courant continu de gaz réducteur. La théorie du foyer catalan est donc la même, en définitive, que celle de haut-fourneau.

A mesure que le charbon diminue, on en ajoute de nouveau et l'on verse successivement par-dessus de la *greillade* ou menu minerai ; afin qu'elle ne tombe pas facilement entre les interstices du charbon, on l'arrose avec un peu d'eau.

Une partie du minerai est réduite par le courant d'oxyde de carbone et passe à l'état de fer métallique, tandis qu'une autre partie se combine avec la gangue du minerai et forme une scorie fusible qui se rend au fond du creuset. On fait couler la scorie hors du foyer, en débouchant une petite ouverture pratiquée à la surface inférieure du chio.

La greillade subit les mêmes transformations que le minerai en morceaux, mais son état de division les accélère beaucoup, et c'est elle qui, la première, donne lieu à la formation d'un noyau métallique, auquel viennent se souder toutes les parties réduites, au fur et à mesure que la mine, poussée par la main de l'ouvrier vers la tuyère, produit du fer métallique. L'ouvrier commence alors à s'occuper de la formation du *massé ;* il donne plus de vent, puis, enfonçant avec précaution un ringard entre le minerai et le contre-vent, il rapproche successivement de la tuyère le minerai qui lui paraît le mieux préparé, et en même temps il charge plus fréquemment en greillade et en charbon. Cinq heures environ après le commencement de l'opération, le minerai est descendu entièrement dans le creuset, et l'ouvrier travaille avec son ringard à réunir les divers fragments de fer spongieux. Les ouvriers retirent alors le massé du feu et le portent sous un marteau à bascule du poids de 600 kilogrammes, battant de 100 à 125 coups par minute ; la scorie liquide est exprimée, et le fer spongieux devient plus compact. On coupe le massé en deux parties égales, que l'on bat successivement sous le marteau, de manière à leur donner la forme de parallélipipèdes allongés, lesquels sont coupés ensuite en deux parties égales. On obtient ainsi quatre morceaux de fer que l'on étire en barres.

Une opération au foyer catalan dure ordinairement six heures et produit de 140 à 150 kilogrammes de fer marchand nerveux, dur, très tenace, mais manquant d'homogénéité. Ce procédé n'est pas économique ; il faut environ 500 kilogrammes de charbon de bois pour produire la quantité de fer énoncée ci-dessus. Il entraîne, en outre, une perte très notable de fer, qui passe dans les scories ; aussi le prix de revient est-il beaucoup plus élevé qu'avec les autres procédés.

**Fer.** — Le produit résultant du traitement des minerais de fer au haut-fourneau n'est pas, comme nous l'avons vu, du fer pur, mais une combinaison de fer avec le carbone, que l'on désigne sous le nom de fonte ; ce produit renferme, en outre, de petites quantités de matières étrangères, provenant des minerais employés, tels que silicium, soufre, etc.

Il faut donc, pour transformer la fonte en fer, lui enlever le carbone et les matières étrangères, en totalité ou du moins en grande partie. C'est là le but de l'affinage, qui consiste à soumettre la fonte à une action oxydante, qui change le carbone en acide carbonique, et le silicium en acide silicique.

Ce dernier acide se combine avec les bases, principalement avec l'oxyde de fer, et forme des silicates fusibles qui se séparent à l'état de scories.

La fonte que l'on destine à l'affinage est surtout la fonte blanche, renfermant peu de carbone.

Lorsqu'on maintient de la fonte en fusion à une haute température, au contact de l'air, sa surface se recouvre d'oxyde de fer ; cet oxyde réagit sur les couches inférieures de la fonte. Le carbone réduit l'oxyde de fer et se dégage à l'état d'oxyde de carbone ; le silicium opère une réduction semblable et produit de l'acide silicique, qui se combine avec une portion de l'oxyde de fer non décomposé pour former un silicate de fer fusible. La fonte renferme aussi de petites quantités de phosphore et de soufre qu'il faut enlever par l'affinage, car ces deux corps nuisent à la qualité du fer ; mais cette élimination présente de grandes difficultés et donne lieu à des déchets considérables. Aussi cherche-t-on e plus possible à éviter la présence de ces deux corps dans la fonte destinée à l'affinage.

L'affinage de la fonte peut avoir lieu de trois façons différentes :

1º On opère sur la fonte solide à une température plus ou moins élevée, mais sans fusion ;

2º On opère sur la fonte pâteuse ou fluide ;

3° On opère sur la fonte en fusion, à une température assez élevée pour que le produit demeure fluide. .

Aujourd'hui on opère la conversion de la fonte en fer au moyen du *four à puddler*. Sur la sole d'un four à réverbère portée au rouge blanc, on place la fonte avec des scories riches en oxyde de fer ou avec des battitures de fer. Le métal entre bientôt en fusion, et l'oxygène des oxydes transforme le carbone de la fonte en oxyde de carbone, qui se dégage de toute la masse et brûle avec une flamme bleue. Un ouvrier (le *puddleur*) remue la masse avec un ringard ; lorsqu'il juge l'affinage suffisamment parfait, il fait écouler les scories, soude entre elles les particules de fer en les comprimant et les fait sortir du four sous la forme d'une boule qui est immédiatement portée sous le *marteau-pilon*, afin d'en exprimer les scories et de souder entre eux les fragments de fer encore rouge pour en former une masse compacte.

Le travail du *puddleur* est excessivement fatigant ; il faut une vigueur tout exceptionnelle pour l'opérer convenablement. En outre de la fatigue physique, qui résulte de ce labeur excessif, le puddleur est exposé à une chaleur intense qui rend son travail encore plus pénible. On est arrivé aujourd'hui à remplacer, en grande partie, le travail de l'homme par un travail mécanique.

Les fers du commerce contiennent de 975 à 999 pour 1,000 de fer pur ; la proportion de carbone qu'ils renferment varie de 0 à 0,25 0/0, et sur cette quantité il n'y a que des traces de carbone mélangé mécaniquement. Les fers du commerce sont donc constitués par un mélange de fer avec un peu de carbure de fer. Leur texture présente tantôt des grains, tantôt des fibres ; dans le premier cas, la texture est dite *grenue;* dans le second, on dit qu'elle est *fibreuse* ou *nerveuse.* Ces deux textures conviennent à des fers de bonne qualité ; on choisit l'une de ces textures, de préférence à l'autre, suivant les qualités spéciales qu'on désire. Certains fers offrent une texture *lamelleuse;* cette texture indique toujours une mauvaise qualité. Le fer est naturellement grenu, il devient nerveux par le martelage ; martelé à froid dans le sens de la longueur ou trempé, le fer nerveux redevient grenu.

La couleur du fer est gris bleuâtre. Il possède une odeur et une saveur très faibles ; il est malléable, ductile, très tenace. Par l'écrouissage, il devient cassant, mais on lui rend sa ténacité par le *recuit*. Sa densité est de 7,7 ; elle s'élève à 7,9 par le martelage. Il entre en fusion vers 1,500° ; à une température bien inférieure à celle de son point de fusion, il se ramollit et peut recevoir par le martelage toutes les formes qu'exigent ses emplois ; il se soude à lui-même, et la partie soudée est aussi solide que le reste de la barre. Le fer chauffé au rouge et plongé dans l'eau froide n'augmente pas de dureté.

D'après Fuchs, le fer est un agrégat de fibres formées par des cristaux très petits, placés les uns à côté des autres.

Sous l'influence de chocs, d'ébranlements répétés il s'établit dans la masse un mouvement moléculaire ; les molécules prennent un autre arrangement, et la structure fibreuse se change en structure lamelleuse ; le métal devient alors cassant et perd une grande partie de sa ténacité.

On observe ce phénomène, qui a une grande importance dans la pratique, dans le fer des ponts suspendus et dans celui des essieux de voitures et de locomotives.

**Acier.** — On nomme acier tout produit intermédiaire entre le fer et la fonte, qui peut subir la trempe, mais qui reste malléable à froid et à chaud, lorsqu'il n'est pas trempé. On peut obtenir l'acier par deux méthodes opposées, soit en décarburant partiellement les fontes très pures, soit en combinant le fer doux avec une certaine quantité de carbone par le procédé de la cémentation, c'est-à-dire en chauffant pendant longtemps des barres de fer au contact de poussier de charbon.

Mais, aujourd'hui, c'est surtout par un procédé spécial dû à un ingénieur anglais, du nom de Bessemer, que l'on fabrique l'acier ; ce procédé consiste en un affinage fournissant directement et en quelques minutes de l'acier fondu par grande masse. Il a pour principe unique l'action que produit directement sur les éléments de la fonte le passage de courants d'air sous forte pression à travers un bain de fonte liquide.

La fonte de fer est introduite dans un appareil spécial qui a reçu le nom de *convertisseur* ; c'est une espècee de cornue à col très court (fig. 3), formée de plaques de tôle de fer rivées, garnie intérieurement d'un lit réfractaire *a b*, dont l'épaisseur est de 15 à 30 centimètres. Le fond de la cornue est occupé par une sorte de bouchon mobile XX′ ou *boîte à vent*, logeant

dans son intérieur des tuyères ou canaux en terre réfractaire.
La cornue étant mobile, la boîte à vent se meut avec elle, de
sorte qu'on ne peut pas faire arriver directement l'air dans
cette boîte. Le conduit porte-vent F doit évidemment débou-
cher dans une partie de l'appareil qui demeure toujours fixe,
et comme il n'y a de fixe que les tou-
rillons, c'est par la partie centrale de
l'un d'eux, Z, que l'air afflue dans ce
compartiment, par l'intermédiaire de
l'espace annulaire D et du tuyau C.
Les tuyères XX' débouchent verticalement sous le bain de fonte liquide, et pour empêcher la fonte de
s'écouler par ces tuyères pendant
l'opération, il faut que l'air lancé par
une machine souf-flante ait une pres-

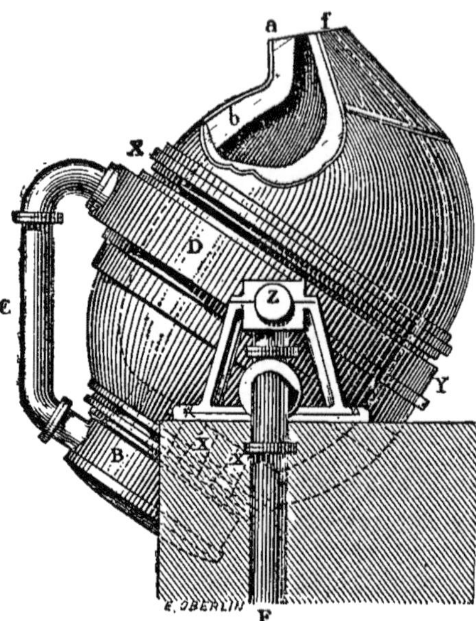


Fig. 3. — Convertisseur.

sion plus grande que celle de l'atmosphère. Cette pression
est, en général, de deux atmosphères.

La capacité totale de l'appareil est ordinairement de cinq
à sept fois le volume de la fonte à traiter. La partie inférieure
de la cornue offre la forme d'un tronc de cône renversé, cal-
culé de manière que le bain de fonte n'ait pas plus de
50 centimètres de hauteur au-dessus des tuyères. Lorsque,
pour le chargement ou la coulée, on veut, tout en suppri-
mant le vent, empêcher la fonte de traverser les tuyères et de
pénétrer dans la boîte à vent, on amène le grand axe de
figure de la cornue dans la position horizontale. A cet effet,
on renverse l'appareil sur le côté le plus développé de la
panse, dont la forme est calculée de manière à pouvoir, dans

cette position, contenir toute la masse de fonte, sans que le niveau du liquide puisse s'élever jusqu'à la hauteur qu'occupe alors le débouché des tuyères. Pendant l'opération, la cornue doit être verticale ; le col ou gueule débouche alors sous une hotte surmontée d'une cheminée.

Une heure environ avant le commencement de l'opération, on jette dans la cornue du charbon de bois allumé, qu'on recouvre d'une grande quantité de coke, puis on donne le vent faiblement ; l'appareil s'échauffe et finit par atteindre le rouge blanc. On renverse alors la cornue de manière à faire tomber par la gueule le coke non brûlé et les cendres, puis on la ramène ensuite dans une position horizontale pour y introduire la fonte, qui y arrive en fusion soit directement du haut-fourneau, soit de la sole d'un four à réverbère. On coule ainsi dans l'appareil une quantité de fonte qui varie de 3,000 à 10,000 kilogr. La fonte s'emmagasine dans la partie la plus développée de la panse de la cornue, sans atteindre encore le fond ; c'est alors qu'on donne le vent, tout en redressant la cornue. Ce dernier mouvement ramène la fonte fondue sur la surface même qui porte les tubes d'arrivée du vent, lequel, lancé avec une pression de 2 atmosphères environ, traverse le bain de fonte, qu'il brasse et affine d'une manière rapide et énergique. C'est par une centaine d'ouvertures que l'air s'élance au travers de la fonte ; le fer s'oxyde d'abord presque seul, puis l'oxyde de fer ainsi formé cède en partie son oxygène au silicium, en sorte qu'il se forme des silicates de fer, des scories d'abord acides, puis de plus en plus basiques ; enfin l'oxyde de fer réagit sur le carbone de la fonte et décarbure cette dernière d'une façon plus ou moins complète. Au bout de 25 minutes environ, l'opération est terminée. Dans la première partie de l'opération, on n'aperçoit que des étincelles brillantes, qui s'échappent de la cornue ; c'est la période de combustion du fer et du silicium, dont l'oxydation ne donne naissance à aucun composé gazeux ; mais bientôt il se dégage une flamme avec dard, qui indique la production de l'oxyde de carbone, provenant de la combustion du carbone de la fonte, puis la flamme pâlit et tombe. Quand les dernières parties du carbone ont été éliminées, il est temps alors d'arrêter l'opération. Le produit final, toujours liquide, est un fer suraffiné ; on ajoute alors. au moyen d'une poche de coulée, une certaine quantité de fonte pure à l'état fluide, en réglant la proportion suivant la nature de l'acier que l'on veut obtenir. Pour recevoir cette addition de fonte, la cornue est amenée dans la position horizontale. L'oxygène, dissous dans le fer suraffiné, réagit sur le carbone de la fonte et le transforme en partie en oxyde de carbone, qui produit un bouillonnement, suivi de soubresauts, dans toute la masse liquide.

Après quelques secondes, on renverse le convertisseur, et le métal fondu s'écoule au dehors.

Le procédé Bessemer donne des produits de qualité supérieure et d'un prix relativement peu élevé.

Voici la composition d'un acier Bessemer :

| | |
|---|---:|
| Fer | 98,741 |
| Manganèse | 0,747 |
| Carbone combiné | 0,420 |
| Silicilium | Traces. |
| Soufre | 0,041 |
| Phosphore | 0,050 |
| | 99,996 |

L'acier est d'un blanc gris clair; sa cassure est grenue et homogène; il peut prendre un beau poli. Il est plus léger, plus dur, plus fusible, plus malléable, mais moins ductile que le fer. Il peut être forgé; chauffé au blanc, il se soude à lui-même comme le fer. Il est plus dense que le fer; sa densité moyenne est de 7,78. Il est attirable à l'aimant et conserve la propriété magnétique plus ou moins longtemps. Rougi au feu et plongé dans l'eau froide ou dans tout autre liquide, il acquiert une extrême dureté et une grande fragilité; mais on peut lui rendre sa force de résistance par le recuit. La dureté d'une trempe dépend de la température à laquelle on a porté l'acier, et de la nature du corps employé pour le refroidir. La trempe dure s'obtient en portant l'acier au rouge blanc et en le plongeant ensuite dans de l'eau très froide ou dans du mercure. Les trempes douces s'obtiennent en refroidissant l'acier dans des corps gras, dans de la résine, dans des métaux fondus, et quelquefois dans un courant d'air. La nature du liquide, son pouvoir conducteur, sa température exercent une grande influence sur la dureté de la trempe.

Sceaux. — Imprimerie Charaire et Cⁱᵉ.

# PRINCIPAUX COLLABORATEURS

## DE LA

# BIBLIOTHÈQUE SCIENTIFIQUE DES ÉCOLES ET DES FAMILLES

MM<sup>r</sup>. D<sup>r</sup> ARTHAUD, chef des trav. de physiologie à l'École des H<sup>tes</sup>-Études.
D<sup>r</sup> BEAUREGARD, professeur de l'École Sup<sup>re</sup> de pharmacie.
BERGET, sous-directeur du laboratoire de recherches physiques à la Sorbonne.
L. BESSON.
Le D<sup>r</sup> R. BLANCHARD, de l'Académie de Médecine.
ROBERT CAMBIER, attaché à l'Observatoire de Montsouris.
CAPAZZA, aéronaute.
D<sup>r</sup> J. CHATIN, de l'Académie de Médecine.
HENRI COUPIN, préparateur à la Faculté des Sciences de Paris.
D<sup>r</sup> DUBIEF, médecin-inspecteur des épidémies.
D<sup>r</sup> RAPHAEL DUBOIS, prof<sup>r</sup> de physiologie à la F<sup>té</sup> des Sciences de Lyon.
DUCLOS, préparateur de botanique à la Faculté de Médecine de Paris.
G. DUMONT, professeur à l'École des Hautes-Études commerciales.
ST. FERRAND, ingénieur-architecte, directeur du journal *Le Bâtiment*.
CAMILLE FLAMMARION, directeur de l'Observatoire de Juvisy.
D<sup>r</sup> GARRAN DE BALZAN, directeur de cours à l'Assoc. philotechnique.
PAUL GAUBERT, secrétaire de la Société de minéralogie de France.
H. de GRAFFIGNY.
D<sup>r</sup> N. GRÉHANT, professeur au Muséum.
E. DE LA HAUTIÈRE, prof. agrégé de philosophie au lycée Saint-Louis.
D<sup>r</sup> HANRIOT, de l'Académie de Médecine.
A. HÉBERT, préparateur de chimie à la Faculté de Médecine de Paris.
R. JAGNAUX, professeur à la Légion d'honneur.
H. LÉAUTÉ, membre de l'Institut.
D<sup>r</sup> J. LAUMONIER.
D<sup>r</sup> LESAGE, chef de clinique à la F<sup>té</sup> de Médecine de Paris.
LEVASSEUR, de l'Institut, professeur au Collège de France.
GABRIEL LIPPMANN, de l'Institut.
L. ET A. LUMIÈRE.
MANEUVRIER, directeur adjoint du laboratoire de recherches physiques à la Sorbonne.
CHARLES MARTIN, professeur de l'Université.
H. MERCEREAU, professeur de l'Université.
STANISLAS MEUNIER, professeur au Muséum.
VICTOR MEUNIER.
DE PARVILLE.
EDMOND PERRIER, de l'Institut, professeur au Muséum.
GUSTAVE PHILIPPON, docteur ès sciences, directeur de la publication.
PAUL PHILIPPON, répétiteur à la Faculté des Sciences de Paris.
D<sup>r</sup> PORAK, de l'Académie de Médecine.
L. PRÉVAUDEAU, licencié en droit.
CH. QUILLARD, préparateur à la Faculté de Médecine de Paris.
D<sup>r</sup> REGNARD, professeur à l'Institut national agronomique.
ROCQUES, ancien chimiste au laboratoire municipal de Paris.
ROUX, assistant de la chaire de physique végétale au Muséum.
CH. SIBILLOT, de l'Association pour l'avancement des sciences.
SCHUTZENBERGER, de l'Institut.
CH. VELAIN, chargé de cours à la Faculté des Sciences de Paris.
MICHEL-JULES VERNE.
Etc., etc., etc.